轻松玩转多肉植物

誰でもできる
多肉植物スタイルブック

（日）松山美纱 _ 著

北京联合出版公司
Beijing United Publishing Co.,Ltd.

序言

只有我认为培育多肉植物和培育其他植物是不一样的吗？

虽然生长得很缓慢可是依然在努力地向上生长着，它按照自己慢慢的节奏愉快地生长着，直到越变越多，长成真正的“多肉”。

不仅仅是变大，它的颜色和形状也同时发生着改变。变红，变粗，变大，等等。简直就和宠物一样平易近人，值得人爱。

此外，种类繁多也是其特色之一。其形状万千，不禁会让人有在有限的空间里放无尽的盆栽的冲动。我想这种冲动在所有喜爱多肉植物的人当中应该是共通的吧。

因为它是植物，所以在培育它的时候，还是有点诀窍的。本书就向大家介绍这些在日常生活中培育多肉植物的诀窍，同时如果大家通过本书的介绍能进一步了解多肉植物的话，是再好不过的了。

请享受和多肉植物在一起的生活吧。

松山美纱

目录

PART 1　有多肉植物的生活　4

PART2　多肉植物的魅力　17

PART3　多肉植物的混栽　27

PART 1 有多肉植物的生活

多肉植物特别喜欢阳光，让你所收集的多肉植物们多晒晒太阳吧。这种细小的举动，也会为你的生活增添许多的乐趣。

❖ 莫斯球DIY

可以试着从天花板上往下垂掉个莫斯球看看，
这时整个空间就会变得很宽广，似乎还能感觉到清风徐徐吹过。
如果窗边没有放置的地方的话，
把莫斯球吊起来也是一个很不错的办法。
制作方法参照 p92

仅仅是将多肉植物放在盘子上，就会产生和在舞台上被投影灯光照射时一样强烈的存在感。当给它晒太阳的时候，连盘子一起端到窗户边上的话也比较便利。

❖ 放到盘子上

瓦苇的根部特别漂亮，
如果是种植在玻璃容器里面的话，可以看到瓦苇的根部就像是蚂蚁的洞穴一样，紧密地生长在一起。

❖ 观察根部

多肉植物摆放得就像一个小小的庭院一样。
直接摆放在地板上的时候，要放一个稍微大一点的花盆。
之后根据空间安排，在大盆栽的旁边再摆放一些小的花盆盆栽，
这样摆放的话，就像一个小小的花园一样，也没有踢倒它们的危险。

❖ 地板上的多肉植物

你知道多肉植物是可以插枝的吗？
多肉植物是在干燥的时候发根的，所以将剪出来的植物放在透明的容器里，等待并观察它的发根情况也是一件特别有趣的事情。

❖ 等待发根

在台子上摆满自己喜欢的小玩意儿再把多肉植物放上去看看。自己喜欢的小玩意儿应该和多肉是非常搭配的。

❖ 和一些小玩意放在一起

❖ 作业台

在房间的角落，只要花一点点时间就可以培育，这一点也是多肉植物的魅力之一。沐浴在阳光之下，边看着多肉植物，边进行种植作业。

和厨房比较搭配的花盆当然要数食器了。
白色的布丁碗配上丝苇，
喝水杯里种植芦荟，
德氏芦荟开花的方式也非常的可爱，
在做饭期间，边看看多肉植物，边给它们浇浇水也是一件非常开心的事情。

❖在厨房

❖在便当盒里面

可以在旧的便当盒里种植迷你仙人球，如果把它们放在阳光照射不到的地方的话，有时候，仙人球的头会变得尖尖的。一下子从可爱的形态就变得比较丑了，所以千万不要忘记给它晒太阳。

❖ 在台子上面

如果是很小的多肉植物的话，可以把它放在调味盒上，这样就可以在做菜的间隙看到多肉植物了。

❖水龙头的旁边

每天在刷牙的时候还可以观赏多肉植物。如果把多肉植物放在水龙头旁边的话，这样观赏多肉植物的美好时间就可以大大延长。

瓦苇属科的多肉植物有许多种类，你可以按照自己的喜好来寻找、培育。

❖和浴室搭配的多肉植物

瓦苇属于森林种，一般都是靠大量汲取空气中的水分而生存的。特别喜欢湿气，所以浴室是最适合培育它们的地方，由于它们会往下垂，所以可以将它们放在高处，来观测它们的生长。

❖瓷砖和仙人球

仙人球的刺特别美丽。好像现在你就可以和它说话似的，存在感特别强。只要注意一下，不给它们浇太多水的话，它就可以在浴室里面愉快地生长着。

❖瓦苇属等植物

如果要在浴室等很少有太阳直射到的地方摆放多肉植物的话，瓦苇属的植物是最合适的。为了收集阳光，它们的叶尖构造进化成和透镜构造一样。只要有少量的光就能生存下去。

❖ 放进笼子里

可以作为庭院的一个小装饰。
特别喜欢阳光的羽叶科植物在外面能更加突出它们优美的姿态。
放进植物笼的话，还能从天敌手里保护好它们。
就像在室内能和放入笼子的宠物友好相处一样，将多肉植物放进笼子里面培育也是一个不错的主意。

❖ 玄关旁边

除了严冬之外，一年四季都可以在屋外健康地生长着。
可以作为家门口的象征，
也有经过几年培育，变得和树一般大小的种类，
这些种类和小的种类相比，拥有不同的韵味，
照片中的是伽蓝菜属的月兔耳。

❖ 晒太阳

红色部分凸显出其妖艳的多肉植物，
红色部分是通过红叶来显现出来的。
没有阳光的话，就变不成红色，所以尽量将它摆放在可以充分接触到日光的室外。
一般是在室外培育的，当室内阳光充足想随时都看到它的时候，也可以摆放在室内。

PART2　多肉植物的魅力

原生长在干燥少雨土地上的多肉植物为了生存下去，会进行一系列的进化，因而其拥有其他植物所没有的各种奇特的形状。

莲座的美

女雏　石莲花属

龙舌兰属，石莲花属等多肉植物的叶子层层叠叠的，特别好看。且其种类也很多。就像玫瑰花花瓣一样，层层叠在一起，十分美丽。花儿会枯萎，可是叶子却不会枯萎，不仅不会枯萎，反而越长越多，莲座也越来越大。当叶尖变红的时候，叶子的层次感就出来了，整个莲座的美就更上一层楼了。

独特性

翠冠玉　乌羽玉属

这是馒头？还是怪物？由于其独特的形状，脑袋里完全想象不出形容它的合适的词，非常难以理解，为什么它会长成这样的形态。也有的人完全不相信它是个活的植物。本来它是一种特别普通的植物，但是为了防止从叶子将水分蒸发，所以叶子进化成了刺状。此外为了进一步防止水分蒸发，进化到了连刺都快没有的状态了。在这之后，它依然会进化下去。

杂色

火祭锦　青锁龙属

指的是本来的绿色中的一部分变成了黄色、红色、绿色。一般都是因为基因突变或是遗传而导致的。有的种类因为稀少，所以价格比较贵。不论在什么种类的多肉植物中，都可能发生杂色现象。汇入了颜色鲜艳的杂色之后，和之前的种类相比拥有了不同的韵味，所以特别受大家欢迎。由于它的叶绿素比较少，所以特别容易晒伤，生命力比较脆弱，大家在培育的时候要多加小心。

奇特性

花叶扁天章　天锦章属

不管是其叶子的模样，还是形态，亦或是它的质感，从奇特性方面来看，是可以让观赏者心动不已的姿态。我认为它的魅力可以和爬虫类的魅力相媲美。最不可思议的是，它是由许多可爱的多肉植物聚集在一起形成的。刚开始认为它恶心的收集者，也许到最后就只收集这些奇特种类的多肉植物。不同的人因为不同的原因而喜爱多肉植物，我想多肉植物良好的奇特性应该是人们喜欢它的原因之一吧。

拥有透镜的叶子

姬玉露　瓦苇属

叶子的表面就像透镜一样，将吸收的阳光储存在身体的内部，在那里进行同化作用的进化植物。因而它进化成现在这样透镜的构造。在原产地只有透镜部分是生长出地面的。阳光从窗户照射进来，水分被深入地下的根须所吸收。身体隐藏在地底下，在酷暑中保护着自己，生存能力超强的多肉植物。瓦苇属，生石花属等多肉植物一般放在窗户边上。

长毛

月兔耳　伽蓝菜属

仔细看根和茎的话，会发现长毛了。这些毛是植物表皮细胞生长延伸的产物，其作用和人类穿的衣服的作用是一样的。夏天时，这些毛在酷暑中保护自己，冬天时在严寒中保护自己。将自己和外面的世界隔绝开来，从而达到保护自己的目的。因为光着身子活在世界上是不容易的（说笑了）。正因为是生活在艰苦环境中的多肉植物，所以才会延伸进化出这么发达的机能，如果这样想的话，对它的看法也会发生改变，不仅仅是摸着软软的它们感到心情愉快这一点。

毛

幻乐　老乐柱属

和月兔耳的长毛作用是一样的。可是为什么这个毛长这么长呢？这个你就要自己去问一下仙人球了哦。幻乐就像在回答你问题似的站在那里，姿态和动物十分接近。幻乐会进化成现在的样子，和它生长的艰苦条件密不可分。为了在严寒和酷暑当中保护自己，只能一直进化，增加自己的装备了。该种类主要生长在南美秘鲁山岳地带附近，就像登山时我们的重装备一样。

丰满感

绿龟之卵　景天属

这一点是与其他多肉植物最大的不同之处。不仅是看着可爱，也是在干燥恶劣环境中进化生存下来的证据。现在，它已经进化成叶子里面储藏着大量的水分，就算被阳光照射也不会因蒸发而枯萎死亡。其身体已经进化成水库了。如果将其生存环境接近其原产地的环境的话，它的叶子能变得更大。如果在背光的地方培育它的话，饱满感就会消失，所以一定要在阳光充足的地方培育它们。缺水时，叶子会萎缩到一起，这时浇点水，叶子就会张开，变大变粗。

鲜艳的颜色

极光　景天属

因为喜欢它那火红的叶子，才喜爱培育它的。结果红色的叶子完全变成了绿色。特别的失望。这是为什么呢？请听我慢慢道来。这是因为在秋天的时候，叶子全都变红了。可是当季节变暖的时候，红叶就全部脱落了。其他的植物也是一样，因日照时间或是冬天的严寒叶子变成红色的。有趣的是变成红叶之后，叶子不会掉落，就像变色龙一样，颜色会发生改变。不仅仅是叶子变红，也有的是叶尖或是叶子的绿色发生改变，根据种类的不同，红叶的变化方式也是不同的。这类多肉植物的种类是很多的。

有趣的名字

火祭　青锁龙属

据说是在江户时期多肉植物从荷兰传到日本。最令人意外的是，仙人球传到日本的历史相当长，拥有很多不同的日本叫法，这足以证明仙人球是特别受日本人喜爱的。从这些名字当中可以看出日本人独有的想法和感情。并且所有的名称都能得到全体日本人的赞同。照片中的植物通红通红的，就像是燃烧着的火焰一样，因此被命名为“火祭”，其含义就是将发光的东西聚集在一起的意思。这样的收藏品也是一个相当不错的选择。

仙人球的刺

黄刺大虹　长钩球属

刺原本也是叶子。为了在干燥的环境中保护自己，照射到太阳的叶子表面积逐渐缩小，变硬，让水分不易蒸发。这个让我们了解到其进化的剧烈程度。此外，有人也说刺是用来遮光的。在盛夏的时候，如果有阴影的话，就相对凉快一点。所以，有人说仙人球是通过刺，在自己的身上形成阴影来获取凉意。这也是仙人球在残酷的环境中进化生存下来的证据。

蜕皮

肉锥花属，生石花属类的植物

不可思议的蜕皮植物。饱满的姿态实际上都是其叶子。叶子非常大，大到照片中所表现出来的程度。要说哪个是它的茎的话，在大叶子的底端和根中间的就是茎，如果把它稍稍拔起来看的话，就能知道它的茎在哪里了。虽然想培育出新叶，可是将叶子摘掉，只剩茎的话，不一会儿茎就会失去水分，枯萎而死。在这里不得不提的就是它是进化了的拥有蜕皮能力的植物。该多肉植物是不会有落叶的，它的叶子和蛇皮一样会变得粗粗糙糙的。然而在这些粗粗糙糙的叶子里孕育着新的叶子。新叶长出来之后，旧的叶子就会枯萎。虽然培育这种多肉植物需要花费一定的精力，需要一定的技巧，可是它们这种美丽的姿态也会让人心情愉快的。

PART3 多肉植物的混栽

发挥每个可爱的多肉植物特点的30个混栽作品选。

淡淡的黄色

令人舒服的淡黄色花盆配上淡颜色的多肉植物。
杂色的瓦苇属多肉植物，配上花盆淡淡的黄色，整体上给人一种柔和、安静的感觉。

a e
b c d

a 白蝶 瓦苇属 b 稚儿麒麟 大戟属 c 象牙宝塔 青锁龙属 d 白斑玉露 瓦苇属
e 小夜衣 青锁龙属

条纹手绘盆栽

手绘的条纹花盆，在花盆的后面，涂漆的人亲手签上自己的名字。很久以前，一眼就看中了它，将它买了下来。好像是美国制造的。一点不花哨，特别的朴素给人一种温暖的感觉，无形之中又给人一种特别的美感。适合这种花盆的就是繁殖能力超强的仙人球了。冬天，仙人球开出的小白花，也可以让人高兴不已。

红刺黄金司 乳突球属

绿色拼图

瓦苇属的绿色多肉植物的种类多而美丽。要注意其叶子的形状、颜色，再选择在其旁边混栽植物的种类。

植物的叶子分为两种，有硬的和软的，硬叶子的是向上生长，软的是向两边生长，繁殖着子孙，和子孙群生在一起。如果感觉比较拥挤的话，也可以把它们稍微移走一些。

a水滴石 瓦苇属 b金黄玉露 瓦苇属 c条纹十二卷 瓦苇属 d海玛 瓦苇属 e条纹十二卷 瓦苇属 f 曲水宴 瓦苇属 g青云之舞 瓦苇属

迷你小杯

铝制的果冻杯。

形状多种多样，地域不同，果冻杯的形状也是不同的，收集果冻杯也是一件好玩的事情。在果冻杯里可以并排种植两个关系特别好的小仙人球，作为点缀，再种植一颗多肉植物，这样就大功告成了。多肉植物生长比较快，布局会变得不平衡，因而要时常修剪多肉植物，这样的话，可以观赏它们长达两年之久。

ⓐⓑⓒ ⓓⓔⓕ ⓖⓗⓘ ⓙⓚⓛ ⓜⓝⓞ a幻乐 老乐柱属 b银手毬 乳突球属 c 黄丽 景天属 d金手毬 乳突球属 e青铜公主 风车草属 f红小町 南翁玉属 g 象牙团扇 仙人掌属 h春之奇迹 景天属 i粉红仙女 乳突球属 j极光 景天属 k象牙团扇 仙人掌属 l红小町 南翁玉属 m金洋丸 乳突球属 n红小町 南翁玉属 o彩虹之玉 景天属

红色花盆

在伦敦的跳骚市场看到的红色点心状花盆。
红色也有各种各样的，而我当时就被这涩红给吸引住了。
和多肉植物特别搭的红色
在涩红色花盆的衬托下，绿色显得更加耀眼，更加洁净水灵。
多肉植物要全部统一成绿色，
此外，植物的生长方式要不尽相同，里面要混栽入青柳、绿项链等不同的植物，让我们共同期待今后它们各自的生长吧。

c d e b a g f

a青柳 生石花属 b猿恋苇 假带叶苔属 c天守之星 瓦苇属 d凌衣 瓦苇属 e 绿项链 千里光属 f姬眸 鲨鱼掌属 g与f同一种类

绿色的庭院

以青珊瑚为中心，一边想象在森林中自由生长的状态，一边混栽进去高群生植物。营造出一种遥望自然的景色。
青珊瑚和金之树渐渐地长高，成为整个盆栽的中心。

b	c	d	e
a	f	g	h	i

a 瓦苇交配种 /b 雅月之舞 马齿览树属 c 金边礼美龙舌兰 龙舌兰属 d 绿珊瑚 大戟属 e 成金之木 青锁龙属 f 水滴石 瓦苇属 g 青柳 生石花属 h 天守之星 瓦苇属 i 瓦苇属交配种

毛线团里的多肉植物

将种植在铝杯子里的多肉植物移植到毛线团的洞里去。冬天的时候，能起到给花盆保温的作用。当多肉植物渐渐长大的时候，就会从洞穴里面慢慢地走出来，这也是观赏其乐趣之一。在这个盆栽中，毛线的颜色也是非常重要的，所以，将自己喜欢的颜色尽情地和多肉植物搭配在一起吧。

c d e / b a f　b c / a e d

左：a 黛比 石莲花属 b 姬秋丽 风车草属 c 缀玉 景天属 d 霜之晨 石莲花属 e 天使之泪 景天属 f 彩虹之玉 景天属

右：a 立田 石莲花属 b 彩虹之玉 景天属 c 春萌 景天属 d 鲁本 景天属 e 碧桃 石莲花属

白牡丹 石莲花属

铁花盆

这个是白牡丹
厚厚的肉壁，带着点点白粉的形态真是石莲花属中的代表种类。该植物生命力顽强，容易培育。一直向上伸张，只是长大后会将枝干压弯。在叶子之间会生出小叶子，大家群生在一起。

用烧杯营造出做实验的气氛

以前特别喜欢理科的实验器具。丝苇属的多肉植物和其他多肉植物相比，是和烧杯最为搭配的植物。随着丝苇的不断生长，渐渐地从烧杯里面露出头来。将它们放在稍高的台子上的话，丝苇的茎叶就会自然而然地垂下来，特别好看。此外，丝苇比其他多肉植物都喜欢水。

青柳　生石花属

仙人球的混栽

绿绿厚厚的仙人球们。
简简单单的传统的仙人球混栽在一起就会有无穷的视觉冲击力。
其生命力特别顽强，在室内也能轻松培育，简单的氛围和成熟的装修风格特别搭配。
艳鹤丸的花是大大的，此外最让我喜欢的一点是，花盆是铁制乳白色的花盆，和硬硬的仙人球特别搭配。

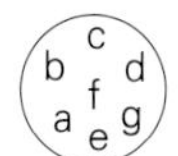

a 金球毯 乳突球属 b 艳鹤丸 丽花球属 c 猿恋苇 丝苇属 d 福禄龙神木 龙神木属 e 琉璃晃 大戟属 f 金晃丸 南国玉属 g 大正麒麟 大戟属

多肉蛋糕

在伦敦的跳骚市场邂逅鲜绿色糖果型的多肉蛋糕型盆栽。能吃的蛋糕肯定是令人开心的，可是任何时候都能看见的多肉蛋糕也会令人心情愉悦。这款盆栽里混入了许多种颜色，非常好看。刚开始所有的植物大小都差不多，可是随着时间的流逝，植物们的生长速度不同，会导致整个盆栽的布局发生变化，所以差不多一年半之后就要修剪一下，以保持整个盆栽紧凑的布局。

a彩虹之玉　景天属 b黄丽　景天属 c铭月 景天属 d初恋 景天属 e千代田之松 仙女杯属 f鲁本 景天属 g姬秋丽　风车草属 h莱斯莉 风车草属 I 大和锦 石莲花属 j鲁本 景天属 k小美人 石莲花属 l红辉寿 石莲花属 m彩虹之玉 景天属 n少女心 景天属

十人十色

我喜欢将多肉植物栽成一个横排，特别是仙人球。栽成一排的仙人球更能体现它们的美，可以启发人们无尽的联想，这个仙人球像小兔子，这个像小乌龟，这个像……将各种多肉并列种在一起的时候，乐趣也会翻倍。

abcdefghijkl

a金手毬 乳突球属 b象牙团扇 仙人掌属c静夜 石莲花属d红小町 南翁玉属e莱斯莉 风车草属f琉璃晃 大戟属g象牙团扇 仙人掌属h春之奇迹 景天属i红彩阁 大戟属j金晃丸 南国玉属k红叶祭 青锁龙属l无刺王冠龙 强刺球属

伽蓝菜属的混栽

3种伽蓝菜属多肉植物的混栽

变红了的伽蓝菜红叶静静地站立在那里，为了衬托出它那淡淡的颜色，最好是和混凝土花盆搭配在一起。看着它们静静地绽放出花朵也是一件特别愉快的事情。有些种类是在叶尖丛生出许多小叶子，这时，如果不移栽的话，就能欣赏到密密麻麻的叶子挤在一起的造型了。

a b c　a 不死鸟 伽蓝菜属 b 白姬舞 伽蓝菜属 c 子宝草 伽蓝菜属

和瓷缸的搭配

以前就很喜欢瓷缸和多肉植物这一组合的搭配。
瓷缸有光泽洁白的质感，可以进一步衬托出多肉植物的饱满感。
在选择与瓷缸搭配的多肉植物时，不要选择颜色过于鲜艳的，要选择颜色稍微淡一点的，这样反而更能震撼人心。这些多肉植物，都会慢慢长大，看着它们慢慢长出花盆之外也是一件特别享受的事情。

a d
b c

a 都舞 仙女杯属 b 鼓叶椒草 伽蓝菜属 c 初恋 风车草属 d 月影 石莲花属

红之魅力

看着火红的红叶，几乎每个人都会被其震撼到吧。

笼统说是红色，这次我们说的是大红色。

除了这种多肉植物，应该没有其他多肉植物能让人长时间地享受这鲜艳的火红了吧。可以将茎是红的，叶子是红的，或是叶子到了一定时间就变红这3种多肉植物种植到铁罐里。“虹之玉”就是不断地进行插条培育的，其叶子比较宽大，美丽，欣赏价值比较高。

ⓐⓑⓒ a 红叶祭 青锁龙属 b 春之奇迹 景天属 c 彩虹之玉 景天属

玻璃缸

玻璃缸起着一个小温室的作用。透过玻璃观察多肉植物的生长是一件非常有趣的事情。由于玻璃缸的保湿、保温的性能非常好，对于喜欢干燥环境的多肉植物来说这里是一块宝地，同时在玻璃缸种植多肉植物的时候，对于水量的控制也比较简单。

a c b d e f g

a千代田之松 仙女杯属 b大和锦 石莲花属 c莱斯莉 风车草属 d万宝 千里光属 e筑羽根 青锁龙属 f春之奇迹 景天属 g玛格丽特品 景天石莲属

帅气的多肉植物

多肉植物中也有和树木性质一样的植物，且种类不少。这类多肉植物下面的叶子会一次掉落枯萎，而其躯干则一直向上生长。由于其茎十分地直，所以就像一根笔直的插条插在那里一样，笔直的，威风凛凛的。建议大家就简简单单地在花盆里种植一棵，不需要再混栽其他植物了。它的生长特别明显，是值得入手的一款多肉植物。

ⓐⓑⓒ a驯鹿之舞 伽蓝菜属 b秋之霜缀化 石莲花属 c知更鸟 伽蓝菜属

仙人球和景天的混栽

该款盆栽会像有层次的地毯一样生长下去。这款盆栽是由颜色各异的景天科和仙人球混栽搭配而成的。整体看上去就像是仙人球生长在草丛中一样。在自然界一般是没有这样的搭配的，但是搭配出自然界所没有的景观这就是混栽的魅力所在。在景天科的丛林中，仙人球会慢慢地长大。

a	c	e	g
b	d	f	h

a 铭月 景天属 b 杂色万年草 景天属 c 艳鹤丸 丽花球属 d 绯色牡丹锦 裸萼球属 e 珊瑚绒毯 景天属 f 白星山 乳突球属 g 粉红仙女 乳突球属 h 龙血 景天属

有个性就是好看

拥有各种特色的多肉植物的大集合。这些形状各异的多肉植物配上灰色的混凝土花盆，十分好看。多肉植物的颜色要基本统一成偏灰色，但是如果都是灰色的话，在严寒的冬天会给人一种更加寂寥的感觉，所以，如果在里面种上一两棵淡黄色的植物的话，整个盆栽的色调会显得活泼一点。快自己动手做一个一年四季都能观赏的美丽小盆栽吧。

a b c d e f g

a月儿 剑龙角属 b树冰 景天石莲属 c黄丽 景天属 d月兔耳 伽蓝菜属 e万宝 千里光属 f红宝山 红笠属 g黄丽 景天属

温柔的仙人球

仙人球一般给人的感觉都是硬硬的，非常有男子气概，可是，有时候我觉得仙人球也有女人小鸟依人的一面。有的仙人球被软绵绵的白毛覆盖着，微胖的姿态宛如女子一般。这种仙人球种类的颜色主要有黄色和白色。混栽的时候，再种植一些绿色的仙人球，整个盆栽会给人一种清新淡雅的感觉。

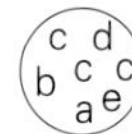

a小町 南翁玉属 b红刺黄金司 乳突球属 c幻乐 老乐柱属 d金晃丸 南国玉属 e粉红仙女 乳突球属

多肉三明治

椭圆型的花盆给人一种新潮的感觉。随着里面的多肉植物不断生长，各种植物会紧紧地挤在一起生活。选择植物种类的时候，最好是选择耐寒性好、喜欢阳光的植物。通过这个盆栽大家可以观赏到多肉植物们按照自己的喜好向上延伸、向下低垂、自由自在生长的样子。如果里面种植了向下低垂的多肉植物的话，最好是把盆栽摆放在一个稍微高一点的地方。

(a b c d e f) a 雪绒 青锁龙属 b 红叶祭 青锁龙属 c 丸叶树/d 红稚儿 青锁龙属 e 姬秋丽 风车草属 f 石莲花属

红色混栽

将红色的多肉植物和粉红色的多肉植物混栽在一起。混栽的时候要注意颜色和形态的搭配布局，魅惑彩虹是整个盆栽的重点，在选择的时候，要选择那些叶子上有点花纹的。这样就算是属于同一种色系的多肉植物，也能营造出不同的韵味。

a魅惑彩虹 伽蓝菜属 b鼓叶椒草 伽蓝菜属 c冬美人 仙女杯属
d白石 景天属 e小美人 景天属

鸡蛋架

用鸡蛋架作为花盆来种植多肉植物。种出来的效果就像是国际象棋的棋子一样，特别可爱。由于它比较小，所以既可以排列在一起作为装饰，也可以随便放在家里的任何地方。只有一棵多肉植物的鸡蛋架盆栽和其他混栽的盆栽有所不同，它可以任意改变排列方式和装饰方式，你可以自由地摆弄它。

a玛格丽特品 石莲花属 b黄刺象牙团扇 仙人掌属 c猩猩丸 乳突球属 d仙人阁 龙神木属 e郡月冠 景天属 f茜之塔 青锁龙属 g越天乐 老乐柱属 h白星 乳突球属

白色仙人球的混栽

仙人球的刺就像雪一样白。整齐地生长在一起的姿态给人一种神秘感。此外，雪白的刺在与其他颜色的多肉植物混栽在一起的时候，更加醒目，引人注意。

粉红系的多肉植物和白色的仙人球搭配在一起后，给人一种高雅柔软的感觉。

a 白星山 乳突球属 b 格林 石莲花属 c 千代田之松 仙女杯属 d 满月 乳突球属 e 秋丽 风车草属 f 明日香姬 乳突球属

姬星美人的可爱之处

小小的叶子层层叠叠紧密地连在一起的姿态特别美丽。蓝绿色应该是它独有的颜色吧。姿态优美，我都想把它称为蓝宝石了。可以把它种植在一些造型比较好看的花盆里，种到特别的花盆里后，会更加突出其存在感。因而要认真寻找自己喜欢的花盆。

姬星美人 景天属

色彩丰富的混栽

花盆里种植的是从秋天一直到春天都是红叶状态的羽叶科多肉植物。各种形状各种颜色的多肉植物紧紧地生长在一个花盆之中，光是看到这样的景象，就能感觉到多肉植物们的勃勃生机。因为里面混栽着向上生长和向两边生长的多肉植物，所以，等它们长大后，空间布局会变得不好看，这时就需要将它们移植走，重新插枝代替。

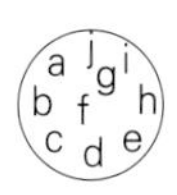

a丽娜莲 石莲花属 b大和美尼 石莲花属 c立田 石莲花属 d纽伦堡珍珠 石莲花属 e千代田之松 仙女杯属 f青铜公主锦 风车草属 g小美人 景天属 h静夜芙蓉雪 石莲花属 i皮氏石莲 石莲花属 j莱斯莉 风车草属

a熊童子 银波锦属b黄金月兔耳 伽蓝菜属c姬星 青锁龙属d月兔耳 伽蓝菜属e马先蒿 青锁龙属

绿色盆栽

聚集着很多绿色多肉植物的盆栽。
有主角——大叶植物“熊童子”和“月兔耳”之类的，也有配角——“姬星”，主角配角混栽在一起，为我们营造出这样一幅层次分明的美丽景象。此外，在这类盆栽里面再种植其他多肉植物也相对比较简单。

粉色盆栽

暖暖的色调，后面种植一些大的多肉植物，越靠近前面就中转一些生长比较慢的多肉植物。营造出一种多肉植物生态林的感觉。

a回眸美人/b冬天红叶/c南十字星/d女雏 石莲花属e金辉 石莲花属

蓝色盆栽

主要以蓝绿色为主的一款盆栽。最开始的时候，我就是被蓝绿色的多肉植物所吸引着。它们神秘而美丽。为了和蓝色的植物交相呼应，可以在里面再种植一些黄色的植物。刚开始的时候，植物们的高度几乎一样，可是随着植物的生长，会出现高低不同的情况，这时为了整体的布局，就需要修剪一下了。

a 圆福娘 银波锦属 b 美空眸 千里光属 c 黄丽锦 景天属 d 啤酒花 景天属 e 东美人 仙女杯属 f 树冰景天 石莲花属 g 雅月之舞 马齿苋树属

坚强仙人球的混栽

简单的白色和绿色搭配在一起，更能突出各个仙人球的造型特征。仙人球的高低差不要过大，为了搭配圆形的花盆，大家要好好地想一下整个盆栽的布局。等仙人球长大之后，间隙就会变小，这时就需要将它们移出来。

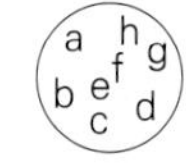

a鸾凤玉 星球属 b河内丸 南翁玉属 c月世界 月世界属 d绯花玉 裸萼球属 e小町 南翁玉属 f明日香姬 乳突球属 g红小町 南翁玉属 h玉翁 乳突球属

PART 4 多肉植物的彩色图

多肉植物的魅力之一，就是它那微微偏灰的颜色。这种颜色给人一种富有深意的感觉。将这一总体颜色进一步分割之后，就会发现里面有白、绿、红等各种颜色。将各个颜色种植到一起的话，就是一幅美丽的混栽多肉植物图。

A
B
C
D
E
F

white 白色

白色一直给人一种是配角的感觉，可是如果把白色的植物和红色的植物种植在一起，令人意想不到的是，这时最引人注目的居然是白色。白色植物混栽的时候比较简单，可要考虑到白色的醒目度，混栽的时候要控制一下数量。

A 白星
乳突球属

被白色毛团覆盖着的拱圆形态特别的可爱，奶白色的花点缀在刺丛中，显得格外娇艳。白星的花期是从冬天一直延续到春天，花可以生长到直径为15毫米左右。白星的小宝宝是从它旁边生长出来的，一群小小的拱圆小白星群生在一起。卷卷的小刺软绵绵的，给人一种就算神兽去摸摸它，也不会被刺疼的感觉。当白星小的时候，不管是酷暑，还是严冬都要注意不要给小白星浇太多的水。

B 鸾凤玉
星球属

一种星星状的不可思议的植物。星星状在混栽的时候就会成为整个盆栽的重点。鸾凤玉的生长速度比较慢，特别适合用来混栽。表面上长着无数的小白点，仔细观察一下的话，你就会被其独特性而征服。黄色的大花在正中间开放。夏天蒸发特别严重，要注意控制一下水量。

C 丽娜莲
石莲花属

叶尖比较陡峭，整体给人一种带粉的感觉，叶子像玫瑰花瓣一样呈莲座形伸展开来。到红叶季节的时候，植物整体会变成粉红色。由于其莲座比较大，所以在混栽的时候无可厚非地成为盆栽里的主角。由于其对夏季的蒸发抵抗力较弱，所以不能和喜欢水的丝苇属等植物混栽在一起。对于养多肉植物的人来说，丽娜莲和羽叶科的多肉植物这一组搭配，是非常容易照顾的。（参见P51）

D 白牡丹
石莲花属

秋天的时候，饱满的叶子和粉色躯干的搭配特别有人气。生长速度特别快的话，虽然白牡丹会长成一个大莲座，可是由于其长度也长长了，所以整体造型很容易变形。这时就需要培育者对它进行定期的修剪了。它的叶子可以进行插枝，能用来进行小苗的培育。

E 玉翁
乳突球属

从球状的身体里发出许多白长毛。短短的小刺和软软的毛特别美丽。在白刺中间会开出粉红色的冠状小花。每年冬天的时候，都会开许多。玉翁特别好养，喜欢阳光，可以将它和其性质相近的景天类等多肉植物混栽在一起，在这些多肉植物里，玉翁也能凸显出自己的主角地位。

F 小夜衣
青锁龙属

叶子的表面生长着无数的小白点。且向两边生长着。虽然生长速度非常的慢，可是会经常开花，给人无穷的新鲜感。开花时是从中间伸出一条笔直的花径，在花径的顶端开出朵朵小花。就像是升到空中的烟花一样美丽。当花凋落之后，手放在靠近根部的茎上，稍微一拔，就可以把它们拔起来。夏天要注意它们的水分蒸发，一整年都要控制浇水的量。（参见P28）

white 白色

Ⓐ 丸叶福娘
银波锦属

福娘真是一个幸福的名字呀。饱满的叶子大大的，带着点白粉。在“福娘”这个种类中，叶子最大的就是“丸叶福娘”了。它的性质和树木的性质比较接近，虽然生长十分缓慢，可是它的耐寒性和耐旱性都非常好，特别容易培育。秋天的时候，绿色慢慢地转变成红色。特别喜欢阳光，如果没有充足的日光的话，叶子会变得很小，白粉也会渐渐消失。所以，一定要给它充足的阳光照射。

Ⓑ 银月
千里光属

表面被白毛覆盖着，看起来非常好看，可是生命力十分薄弱，不太容易培育。夏天的时候，要把它放在通风非常好的地方，同时一点儿水也不要浇，它才能存活下来。它也不喜欢人碰触它的根，所以不要频繁地进行移植。混栽的时候，它和喜欢干燥环境的仙人球比较搭配。

Ⓒ 幻乐
老乐柱属

毛茸茸的毛就像棉花糖一样。由于其是柱形的仙人球，所以一般都是向上生长的。等它长大之后，下面的毛会越来越少。这是它自然而然的特征，无需过于担心。让它能长时间保持美丽的毛发的诀窍就是不要从上到下地给它浇水，浇水的时候只在它的根部浇就可以了。盛夏和严冬的时候，如果不浇水的话，很容易枯萎，这点要多加注意，也要适当的给它们浇浇水。相对来说还是比较喜欢水的，所以可以和喜欢水的瓦苇、仙人球混栽在一起，做成一个美丽的盆栽。

Ⓓ 明日香姬
乳突球属

刺是白白的，圆圆的仙人球。显得特别的可爱。因为它是小品种仙人球，经常在这么大的时候就开始发芽，生长出新的小仙人球。等小仙人球长到一定大的时候，就要离开妈妈的怀抱，去别的地方落地生根了。明日香姬比较耐寒，冬天要是不断水的话，它就会长得非常好。冬天的时候，人们还可以欣赏到它那白色的小花，给冬天带来一点生气。生存能力特别强，白色的小花和任何多肉植物都非常好搭。（参见P50,P54）

Ⓔ 白斑玉露
瓦苇属

具有通透感，可以看到白色的珍贵多肉植物种类。白色的部分其实是杂色部分，有很多小斑点。据说杂色部分比较敏感，性质很弱，可是这个品种却不是这样。阳光少的时候，叶子生长得很快，阳光充足的时候，整个都变成了茶色的，完全看不到白色。所以给它找个适合的生活场所还是一件比较困难的事情。

Ⓕ 野玫瑰的精灵
石莲花属

一种小型的多肉植物，小小的叶子像莲座一样伸展开来。给人一种纤细的感觉。只有叶子的尖端才会有稍稍的颜色。夏天的时候，对水分蒸发比较敏感，所以夏天的时候，不要给它浇水，并且要把它放在阴凉的地方。由于其装饰性比较强，所以在混栽的时候，可以只使用石莲花属的一些多肉植物进行混栽。野玫瑰的精灵相对来说，比较能耐寒。

A
B
C
D
E
F

A
B
C
D
E
F

green 绿色

A 若歌诗
青锁龙属

仔细观察叶子和茎的时候，会发现在上面丛生着让人心痒痒的小毛毛。叶子特别特别饱满，和树的性质差不多，向上生长。在生长的过程中，会分叉生出新芽群生在一起。剪接下来插枝的话，也特别容易成活。如果花时间用心培育它的话，它的枝干能变得像小树一般粗壮，形态也很可爱。混栽的话，它可以成为整个盆栽的主角。秋天的时候，它的叶子和茎会变成好看的红色。

B 绿龟之卵
景天属

叶子圆圆的，很饱满。表面的质感就像是用蜡涂过一层似的。茎被茶色的毛所覆盖着，就像动物一般，特别可爱。生长速度特别慢，肉眼几乎看不出来。夏天水分蒸发厉害的时候，要控制浇水的量，最好把它放置在通风的地方。冬天比较能耐寒，不需要太多担心。

C 水滴石
瓦苇属

美丽水滴石的叶尖给人一种透明的感觉。因为它的形状和水滴很相似，所以人们才给它起了这样的名字。它的叶子饱满而透明，美丽而干净，所以很多人喜欢它，特别有人气。当阳光太强或是严重缺水的时候，就会逐渐变成茶色。当水太多或是阳光不足的时候，像莲座一样展开的叶子就会萎缩，整个形态就会变得不美观，这点大家要注意一下。（参见 P30,P33）

D 念珠姬
青锁龙属

叶子就像念珠一样串在一起的多肉植物。这种形态特别吸引人们的目光。混栽的时候，如果感觉不够紧凑，或是没有层次感的时候，就可以种植一些念珠姬进去。加入了念珠姬之后的任何混栽盆栽都会给人一种耳目一新的感觉。但是念珠姬的枝干比较突出，所以在移植混栽的时候，要将它的枝干底部修理一下，用剪切下来的枝干进行插枝，这样你就可以欣赏到美丽的多肉植物盆栽了。

E 稚儿麒麟

发芽很快，所以和一群小芽群生在一起。小小的一坨，不间断地发出小新芽。因为它特别喜欢阳光，不耐寒，所以冬天的时候一定要控制浇水的量，此外，尽量要把它放到温暖的地方。温暖季节的时候，要把它放到能晒到太阳的地方，那样给它浇点水，它就能自由地生长。混栽的话，它和仙人球比较搭配。

F 碧琉璃鸾凤玉
星球属

是一种没有白鸾凤玉斑点的一种多肉植物。有光泽的表面皮肤和星星状的体态特别漂亮。它的性质和鸾凤玉一样，不要给它浇太多的水以及夏天的时候要避免高温。如果做到以上的话，就能比较容易地培育它了。夏天的时候，要注意，千万别把它们放在外面晒太阳，否则，它们就会被晒伤，变成茶褐色。

green 绿色

Ⓐ 吹雪乱
龙舌兰属

是一种在绿色的叶子上长满毛茸茸的小毛的多肉植物。由于其叶尖部分是刺，所以还是比较尖锐的，注意不要被刺给扎到。在紧密的盆栽里面，它毋庸置疑地会成为主角，可是需要注意一点，随着它的不断生长其莲座也会逐渐增大，所以在种植的时候，要注意和其他植物之间要留一些间隙。单个吹雪乱的存在感也是非常强的，所以它是完美的室内装饰植物之一。

Ⓑ 松之绿
景天属

拥有光泽的鲜艳绿的叶子。厚厚的叶子给人一种坚硬的感觉。秋天的时候，稍微变得带点点红色，但是整体看来是呈微黄色的，看起来比较亮丽。特别喜欢阳光，如果把它放在窗边等室内的话，也许它的生长速度就会变得非常的慢。混栽的话，和羽叶类植物比较搭配。

Ⓒ 大正麒麟
大戟属

虽然形态比较朴素，可是却相当有个性。绿色的身体配上银白色的刺，显得非常美丽。温暖的时候，处于生长期的小刺会慢慢变得有点红，特别好看。它属于柱形仙人球，所以能生长得比较大，在温暖季节的时候，不要忘记给它浇水，这样它才能茁壮地成长。此外，不要忘记还要给它充足的阳光，否则，它就会越长越细，失去美观的效果。因为它很喜欢水，所以，就算和瓦苇属的多肉植物在一起混栽也是没有问题的。

Ⓓ 稚儿樱花
肉锥花属

像心型一样的肉锥花属特别有人气。开花的时候，开满了粉红色的花朵。肉锥花属的植物相对来说是比较耐热，容易培育的，可是它们在夏天，水分蒸发能力特别弱，所以大家在培育它们的时候要特别注意。给它们找一个采光好又通风的生活场所是非常重要的。此外它也是大家所熟知的会蜕皮的多肉植物之一。虽然培育它有点困难，可是依然有其独特的乐趣，建议大家在培育它们的时候，不要将它和别的植物混栽在一起，单独种植它就可以了。

关于蜕皮的多肉植物的介绍，请参考P26。

Ⓔ 青柳
生石花属

没有叶子，叶子和茎直接连在一起。一直处于抽出新芽的状态。在植物的顶端生出许多小植物，大家群生在一起。但由于太多聚集在一起，整个植物就呈现出下垂的感觉。和其他植物相比，特别喜欢水，所以如果水分不够的话，前面就会枯萎。就算没有充足的阳光也能健康的成长，这一点和瓦苇属的植物有点相似。如果混栽的话，建议和瓦苇属的植物一起混栽，因为性质相近，管理起来比较方便。

Ⓕ 观音莲
长生草属

叶子的莲座特别美丽。叶子较短，像莲座一样伸展开来。数量很多，在上面还生长着许多软绵绵的小白毛，给人一种柔弱的感觉，让人忍不住就想去摸摸它。它的莲座并不大，可是每次都会发出许多的小叶子，组合在一起。喜欢阳光，耐旱性好。和景天属植物的性质很接近，建议大家可以将它们和景天属的植物混栽在一起，组合成一个美丽的小盆栽。

A
B
C
D
E
F

A
B
C
D
E
F

pink 桃色

饱满的叶子慢慢地变成粉红色，肯定能抓住成千少女的一颗心。在红叶季节的时候，它们就会变成明艳的粉红色，在渐渐有凉意的初冬，看着它们，心里会感觉暖暖的。

A 姬秋丽
风车草属

细长的叶子整体上带着微微的粉红色。成长速度特别快，向上生长后，由于重量会将整个枝干压倒，这时就会在旁边生出许多侧芽。姬秋丽耐寒性和耐旱性都非常好，特别容易培育。可是它生长速度快确实是一件令人头疼的问题。如果想做一个自然味十足的盆栽的话，建议大家一定要使用姬秋丽，它会为你的盆栽增色不少。在关东地区，经常能看到在室外过冬的姬秋丽，如果没有充足阳光的话，姬秋丽的生长速度会一下子变得很慢，这一点大家一定要注意哦。

B 莱斯莉
风车草属

叶子非常的厚，到红叶季节的时候，呈艳粉色。因为它的粉红色比较艳丽，所以在混栽的时候，会成为整个盆栽的中心。其生长速度比较慢，每天都在慢慢悠悠的向上生长着。插枝也非常的便捷。因为它生长比较慢，所以比较适合进行插枝繁殖。红叶季节的时候，要注意控制水量，这样的话，它的颜色会变得更加艳丽。（参见P37,P38,P42,P51）

C 静夜芙蓉雪
石莲花属

厚厚的叶子，淡淡的颜色给人一种美美的感觉。刚开始是蓝色的，随着红叶季节的来到，渐渐变成粉红色。植物整体就像是涂了一层白白的粉一样，显得有点朦胧美。虽然生长速度有点慢，可是是从呈莲座状伸展开来的。对于夏天的水分蒸发特别敏感，所以夏天的时候一定要控制水量，还要把它放在通风的地方。如果把它的枯叶清理一下的话，可以有效地防止水分蒸发，所以，夏天的时候，千万不要忘记做这项工作。

D 三色
景天属

有白点的景天属。到红叶季节的时候，会变成非常明艳的粉红色。虽然叶子比较小，但突出其枝干比较显眼，可是其整体还是给人一种暖暖的感觉。因为它是景天属的，所以在室内培育是相当困难的一件事情。它的耐寒性特别好，所以一整年都可以在室外培育。春天的时候，它的叶子会变大，很繁茂地生长在一起。

E 千代田之松
仙女杯属

千代田之松属于长叶型植物。像特意修割过的叶子，形状特别的美丽。植物整体都带着白粉 。千代田之松的耐寒性和耐旱性都非常好，所以比较容易培育。红叶季节的时候，它会变成颜色很深的粉红色，所以，如果想在混栽盆栽中增添颜色的话，它是不二之选。它还可以和仙人球们混栽在一起。（参见P37,P42,P50,P51）

F 桃太郎
石莲花属

紧密的莲座状植物，且只有叶尖附近带点红色，特别的美丽。整体和吉娃娃差不多，只不过桃太郎的叶子要稍微细长一点。对于夏天的水分蒸发，桃太郎特别敏感，所以夏天的时候，一定要控制水量，并且把它放置在通风的地方。夏天的时候，它的叶子数量不多，可是到秋天的时候，会生长出来许多新叶，变回当初那美丽动人的姿态。特别适合紧密的混栽盆栽。

pink 桃色

A
黛比
景天石莲属

美丽的粉红色植物。夏天的时候，颜色虽然会稍稍褪去一点，但整体依然能保持呈粉红色。夏天的时候，对于想把寂寥的盆栽变成华丽的盆栽的时候，它就是其中最不可缺少的一种植物。特别喜欢阳光，所以最好在阳光充足的地方培育它。黛比特别容易招虫，所以，要定期观察它上面是否有小虫，如果看到小虫，就要把虫赶跑。

B
白凤
石莲花属

呈大大的白色莲座状。生长特别缓慢，随着其慢慢的长大，茎也变得很粗，由于是向上生长的，所以下面的叶子也会慢慢的枯萎。整体就像涂了一层白白的粉一样，显得特别娇嫩。但是如果你碰一下它的话，白白的粉就会掉落，会失去那种娇嫩感，所以在移栽的时候，要千万注意，不要碰到它。

C
极光
景天属

艳丽粉色的圆圆球叶子特别受人们喜欢。是彩虹之玉的杂色品种。夏天时的颜色是灰色的，从秋天开始，颜色会慢慢地变成鲜艳的粉红色。因为它和极光一样会发生颜色的变化，所以人们给它起名为极光。生长速度虽比彩虹之玉要慢，可还是会长高，所以要定期给它修剪，让它保持小小的形态。

D
纽伦堡珍珠
石莲花属

名字太长，都有点拗口。鲜艳的粉红色，有纤细的叶子组成莲座状形态，给人一种优美高雅的感觉。与其他植物相比，颜色比较浓厚，所以在混栽的时候，会成为整个盆栽的焦点。就算是盆栽里面只单单种植它一种多肉植物，它也能像风景画一般美丽，撑得起整个画面。特别容易招虫，如果发现小虫的话，记得把虫赶走。

E
小美人
景天属

小型多肉植物，树状性质，向上生长。叶子紧密地生长在一起，颜色鲜艳。作为混栽的配角是非常好的选择。经常给它修剪，插枝细心管理的话，它们会茂盛地繁殖下去。叶子比较容易摘取，所以比较适合取叶插枝。特别喜欢阳光，所以最好把它们放置在窗户边或能照射到充足阳光的地方。

F
青铜公主
风车草属

一整年几乎都是这样的颜色。且这种颜色是其独有的颜色，所以，在混栽的时候，它是一棵不可多得的宝物。生存能力特别强，特别容易培育，据说只要给它点阳光，它就能生机勃勃地生长下去。对于夏天的水分蒸发和冬天的严寒都比较适应，所以一整年都可以将它放在室外培育。同时它也比较适合插枝发芽，插枝发芽的时候，一次性能发出很多的新芽。青铜公主是大家匍匐性地生长在一起，随着时间的流逝，它的茎会坚强地站立在那里，只有枝头尖端才有一点叶子。

A
B
C
E
F
D

A
B
C
D
E
F

yellow 黄色

给人一种明快感觉的黄色。
在白色植物中可以当亮点使用一下，在粉红色植物中可以增添一点点其他色彩，在绿色植物中，可以作为类似同色系的植物点缀一下，由于黄色比较能吸引人们的目光，所在在混栽植物中是不可缺少的宝物。

A **古乐之舞**
马齿苋树属

稍稍有点杂色的叶子特别美丽。秋天，当叶子由绿变成粉红色后，显得更加明亮。古乐之舞的树形比较奇特，人们喜欢把它们作为盆栽培养。你可以按照自己的喜好，进行剪枝，养育它们。如果在它们的旁边再种植一点其他的小植物，整个盆栽就会显得更加华丽。古乐之舞耐热不耐寒，所以冬天的时候，一定要把它们搬入室内，进行照顾。

B **红景天**
景天属

小叶的景天科植物。小小的叶子像地毯一样紧密地丛生在一起。红景天是只要有阳光就能生存下去的植物。所以基本上都是室外培育的。如果阳光不足的话，红景天就会变得瘦瘦蔫蔫的。但是如果枝叶太茂盛的话，夏天的时候，会因蒸发失去大量的水分而枯萎，所以，夏天时要给红景天修剪一下枝叶。

C **金晃丸**
南国玉属

金黄色的刺极其明艳美丽。球状的身体长大之后，就变得如同柱子一般。金晃丸从底下发新芽，群生在一起。也可以给金晃丸搭配一些生命力顽强、容易培育的小植物。当金晃丸长大之后，会开出金黄色的大花朵。

D **铭月**
景天属

有光泽的金黄色叶子。向上生长。随着时间的推移，茎的颜色会变成茶褐色。花点时间给铭月剪剪枝、浇浇水，是一件十分开心的事情。铭月一整年都是黄色的，所以混栽的时候比较容易。和其他的景天科植物相比，在剪枝插活的时候，铭月生根比较慢，要耐心等。

E **黄丽锦**
景天属

黄丽锦是属于杂色系列的植物。它的斑点是白色的，和淡淡的颜色特别相配，给人一种淡雅的感觉，在混栽中属于比较突出的种类。和铭月长的比较像，但是黄丽锦的叶子稍微要宽大一点。性质和铭月一样。夏季的时候，有时候会发生晒伤的现象，这一点要注意一下。（参见P53）

F **彩凤凰**
青锁龙属

个头高，红叶季节的时候，茎会变成大红色，叶子杂色的部分会变成更加鲜艳的黄色。单独种植，整个盆栽会显得有点寂寞，所以它比较适合和其他植物混栽在一起。混栽的时候，由于它那奇特的叶子形状，鲜艳的颜色，很容易在众多植物当中脱颖而出的。耐寒性稍微有点弱，冬天的时候，要把它搬回室内培育。

blue

蓝色

不是和艳丽的天空蓝一样的蓝色，而是朴素的蓝色。是和天亮之前的蓝色很接近的一种充满浪漫气息的颜色。就只是这一种颜色聚集在一起，稍微配一点白色，就会给人一种成熟的感觉。和粉红色搭配在一起的话，会给人一种可爱的感觉。

A 千兔耳
景天属

有点圆圆的叶子和叶尖点点红色显得特别可爱。在向上生长的同时，根部那里会发出许多新芽，多种植物群生在一起。那时的美是无法用语言描绘出来的。千兔耳的生长速度特别慢，对于夏天的水分蒸发也特别地敏感，夏天的时候，叶子会掉落很多，显得没有什么精神，可是到秋天的时候，就会发出许多叶子了，又恢复到十分有生气的状态。

B 紫雾
景天属

叶子小而厚。匍匐状地群生在一起。春天的时候虽然抽出许多新芽，可是到了夏天，由于水分的蒸发，大量的叶子会掉落。这时你不需担心，紫雾就是按照这种步骤进行生长的。在夏天水分蒸发之前，可以用它的叶子进行插枝，插枝之后，看到它发出新芽，大家就可以安心了。为了应对夏天的水分蒸发，还是要将它们放在通风的地方。这样等夏天过完之后，它们又会生机勃勃地生长的。

C 福寿龙神木
龙神木属

是龙神木植物的一个变种。凌就像海带一样。整体看起来就像是融化的蜡烛一样。生命力特别顽强，比较容易培育。在向上生长的过程中，慢慢地变大变粗。到红叶季节的时候，它就会变成紫色。它那有个性的站姿，在混栽的时候，无可厚非地会成为主角。

D 美空眸
千里光属

细长的叶子特别饱满。叶子的脉络形状也特别美。根部的叶子在随着植物不断向上生长的过程中会慢慢枯萎，只有在顶端才会留有一点点叶子。如果培育很长时间的话，茎会笔直地站立在那里，长度也会变得很长。水对于它来说是必不可少的东西，经常给它浇水的话，它会长得非常快。变成很大的一株植物。就算没有其他植物，只有它一种植物，它也可以像风景画那样美丽。用它来作为混栽盆栽的主角是最为合适的。

E 八千代
景天属

饱满的叶子配上淡淡的颜色，特别美丽。如果水分不足，叶子会变得皱皱的，一看就会知道。八千代是属于向上生长的多肉植物。用八千代来插枝的话，很容易成活，发芽。八千代不是用叶子进行插枝的，而是用茎来进行插枝的，所以会抽出许多的新芽，茂盛地生长在一起。比其他多肉植物要更喜欢水，所以可以和小的仙人球苗在一起混栽，组合成一个美丽的盆栽。

F 变色龙
景天属

向上生长，且生长速度特别快的群生多肉植物。红叶季节的时候，会变成美丽的紫色。如果混栽的话，它会作为一个非常重要的配角而存在着。在整个植物的布局变得不合理的时候，就需要给它剪剪枝叶，整理整理形态。由于其插枝非常容易成活，所以，繁殖比较快。

A
C
B
D
E
F

A
B
C
D
E
F

red

红色

很多人都知道多肉植物到红叶季节的时候就会变成红色。
这个红真的非常厉害。吸引人眼球，非常鲜艳的红色。
身兼多肉植物魅力的植物有很多。当红叶季节的时候，这样红色的多肉植物的数量也不少。为了保持它们那美丽的红色，一定要让它们多多晒太阳。

A 高砂之翁
石莲花属

是属于泛红的一种多肉植物。所谓的泛红，就是一般情况下植物的生长点都是点，而泛红的却是线。高砂之翁生长时是走弯弯曲曲的路线的，样子有点奇特。在茎的顶端伸展开来的是叶子组成的莲座。红叶季节的时候，茎和叶子都变成大红色了。由于其比较高，在混栽中很容易成为人们关注的焦点。

B 晃辉炎
石莲花属

叶子的形状尖锐而美丽。只有叶子的背面和茎是红色的。叶子的表面没有红色。这是一种红绿对比很强烈很美的植物。生长速度比较慢，对于夏天水分蒸发比较敏感，夏天一定要将它放在通风条件好的地方。

C 龙红
景天属

呈匍匐状生长的种类之一。在匍匐状的景天属里面，能变成大红色的也应该只有它了。在只混栽景天属的盆栽里，会给整个盆栽增添一丝色彩。龙红的耐寒性比较好，所以一整年都可以在室外培育。只要有阳光，龙红就能很好地成长。所以尽量让龙红晒太阳，让它变得更红。

D 红稚儿
青锁龙属

经常抽出新的小细芽，群生在一起。叶子比较容易脱落，脱落下来的叶子很快就能发出新芽，进行繁殖。生存能力特别强，容易培育。夏天是碧绿色的，冬天是大红色的，早春的时候，会开出鲜花，鲜花的绽开方式特别可爱，特别受人们欢迎。花芽在叶子的中间抽出来，向上生长着，只在顶端才经常开花。由于其耐寒性比较好，所以一整年都可以在室外培育（参见P47）。

E 红唇
石莲花属

和树木一样性质的植物。如同名字一样，它的美就如涂上口红的嘴唇一般。夏天是绿色的，叶子细长细长的，秋天开始，叶子开始慢慢变大，渐渐变红。下面的叶子也开始枯萎，如同"黑法师"一般的形态。生长速度虽然比较慢，可是在生长的过程中，莲座也会慢慢变大，伸展开来。

F 彩虹之玉
景天属

多肉植物的代表种类。当人们看到它那饱满有光泽的叶子变成红叶之后，都会感叹那叶子就如同糖豆一般可爱。彩虹之玉是推动人们喜欢多肉植物的功臣之一。生存能力特别强，既可以通过插叶子繁殖，也可以通过插枝繁殖。非常容易培育。此外，耐寒性也特别好，一整年都可以在外面培育。相反，在室内培育它却是一件比较困难的事情。（参见P34，P37，P41）

red 红色

Ⓐ **红司**
石莲花属

叶子的形状比较有特色。也许是石莲花属中最有特色的一种。性质和树差不多，向上生长。生长速度比较慢，由于其生存能力较强，所以可以进行混栽。就算只种植它一种植物，也可以变得像风景画那样美丽。

Ⓑ **白石**
景天属

夏天是银色的叶子，从秋天开始就变成了美丽的红色。小小的圆叶子连接在一起。叶子比彩虹之玉还要小，还要紧密。特别适合混栽。由于其生长速度比较快，所以混栽的时候，要定期给它剪枝，不然整个混栽盆栽的布局就会被破坏。

Ⓒ **绯色牡丹锦**
裸萼球属

是“牡丹玉”的杂色。红色部分是色素脱落部分，它不仅仅是红叶季节时变成红色，一整年都是呈红色的。生存能力特别强，培育简单。但是它特别容易被晒伤，所以不要把它放置在强烈阳光下直射。可以放在靠近窗边的明亮地方进行培育。如果缺少水分的话，就会停止生长，叶子也会失去那种水灵灵的感觉，所以要不断地给其浇水，确保水分充足。此外关于斑点，除了红色的斑点之外，还有黄色的斑点。

Ⓓ **红莲**
伽蓝菜属

真的非常非常红。该植物没有什么浓淡之分，只有一个颜色——红色。叶子的边缘不整齐，有点散乱，就像是鸡的鸡冠一样。生存能力虽然特别强，但由于是伽蓝菜属的植物，冬天还是比较畏寒的，所以冬天的时候，还是需要将它们移到室内培育，才能安心。由于其是向上生长的，所以在混栽的时候，要考虑到它这一特征。

Ⓔ **魅惑彩虹**
伽蓝菜属

叶子的模样比较奇特却很美。红叶季节的时候，叶子会更红，颜色也变得更加鲜艳。耐寒性比较弱，所以冬天时，一定要在室内培育它们。插枝时，比较容易成活，发出新芽，可以在温暖季节时，进行插枝繁殖。

Ⓕ **大和美尼**
石莲花属

叶子特别饱满厚实，呈小小的莲座状伸展开来。叶子的模样也非常漂亮，等到叶子变成红色的时候，是其最美的季节。它的形状也比较独特，能吸引人们的目光。和“大和锦”相比，它的叶子更加尖锐。生长速度虽然很慢，可是生命力特别顽强，比较适用于混栽盆栽。

A
B
C
D
E
F

A
B
C
D
E
F

purple 紫色

接近粉色的紫色。虽然朴素，但是能成为华丽混栽盆栽里的亮点。如果和粉红色的植物一起混栽，可以变成同色系的美丽盆栽。紫色一般都是红叶季节时才呈现的颜色。温暖时节，它们一般都是呈朴素的蓝色。

A 初恋
风车草属

是一个慢慢长成一个大大的莲座，繁殖能力超强的种类。耐热性特别好，插叶繁殖也比较简单，特别容易培育。在大多数地方都可以在室外过冬。颜色的话，夏天的时候会淡粉红色，秋天的时候变成浓粉红色，一整年间的颜色都是比较明亮的，所以对于混栽来说，是不可多得的宝物。生长速度很快，所以在混栽的时候，为了不破坏整体的格局，需要空出一定的空间，此外还需要定期的剪枝。(参见P40)

B 都舞
仙女杯属

虽然是仙女杯属，却是最近才出来的杂交品种。叶子小小的，莲座美美的。与其他的仙女杯属植物相比，生长速度稍微快一点。红叶季节的时候，叶尖部分会变成有层次的紫色。如果给它充足的阳光和水分的话，它会变成非常好看的植物。

C 春天的奇迹
景天属

小型植物。叶子被毛给覆盖住了，显得毛茸茸的。体态特别紧致，莲座非常美丽。变红的顺序是先顶端变成黄色，之后以那个为中心，像四周扩散。培育它需要主人特别细心。它的花虽然小，可是却美丽无比。虽然很多人容易把它看做是杂草，可是它却拥有那美丽的花朵。夏天的时候，要注意一下它的水分蒸发情况。

D 紫太阳
鹿角柱属

就如名字一样，中间的部分是鲜艳的紫色。在仙人球种类当中，除了这种也没有其他种类是紫色的了。它的刺是卷刺，就算摸它们也不会被扎手，所以可以放心地摸。生长速度比较慢，生命力比较弱，培育比较困难。可是，它却是人们无论如何也想挑战培育的植物，就因为它的美。培育它的时候，要给它浇适量的水，不要断水太久，此外它也特别容易停止生长，所以要给它充足的阳光，将它放在有阳光照射的地方培育比较好。

E 桃美人
仙女杯属

饱满的厚厚的叶子呈美丽的粉红色。优雅而可爱的这款植物特别受大家欢迎。仙女杯属的植物都是好看的美女植物，美女的爱称也有很多，区分它们还是比较困难的，只能靠稍微有点不同的叶子来区分。生长速度很慢，所以比较适合和其他植物混栽在一起。在向上生长的过程中，它下面的叶子也在渐渐地脱落枯萎。

F 鼓叶椒草
伽蓝菜属

由于其繁殖能力特别强，所以有时候人们就直接把它们当杂草处理。即便如此，它的花依然特别可爱，红叶季节的时候，它的颜色会变得更加美丽。叶子插枝比较简单且易成活，春天的时候，可以进行叶插枝，到秋天之前，就可以长成了一棵棵小苗子，然后到秋天红叶季节，就可以欣赏它们了。它们的生长过程虽然简单却充满乐趣。在培育它们的时候，要给它们足够的阳光，浇水的量不要太多。它们的耐寒性比较弱，冬天的时候，要将它们搬回室内。(参见P40,P48)

brown

棕色

说到棕色的植物，总给人一种枯萎了的叶子的感觉。其实是在健康地生长着，像这种不可思议的植物还不少。和比较成熟的装修是非常搭配的。和其他植物一起混栽的时候，很容易就会沦为配角，所以建议大家将它们和白色的，或是同色系的植物一起混栽，亦或是只用它们一种来组合成一个盆栽。

A **姬宫**
伽蓝菜属

棕色的，就像枯死了一样？姬宫的颜色总是让人联想到这样的问题。当然不可能枯死了，姬宫就是这样的品种。叶子特别容易掉，在移植的时候，它的叶子就会一片一片地往下落，这些落下的叶子，可以用来进行叶插枝，叶插枝很简单，也比较容易成活，繁殖新叶。姬宫有两种类型，一种就是这种棕色的类型，还有一种叶子的形状和鹌鹑蛋差不多的类型。

B **红刺黄金司**
乳突球属

拥有深棕色刺的仙人球。经常群生在一起。繁殖的时候，会将孩子慢慢推离自己的身边。插枝的时候，特别容易成活，发芽繁殖。由于其发根特别快，所以想进行插枝繁衍的人，可以亲自尝试一下。棕色的刺在混栽的时候会成为整个盆栽的重点。它的花是小小的、白白的，大家可以好好地欣赏一下。（参见P29,P46）

C **翠晃冠**
裸萼球属

像圆盘一样薄薄的仙人球。简直就像被人从上面踩扁了一样，形态特别可爱。给它浇充足的水，放在阳光微弱的地方，它就会变成深绿色。但是，如果总是晒太阳，控制水量的话，它就会变成和照片中一样，变成棕色。和羽叶科的多肉植物一起混栽比较搭配。它的花大而美丽。

D **方仙女之舞**
伽蓝菜属

棕色的毛，毛茸茸的，无比可爱。简直就像动物的毛一样。叶子和茎都被毛茸茸的毛所覆盖着。此外，叶子的背面还有突起物，这个突起物的形状有点方，所以该植物才会被命名为“方”仙女之舞。由于其耐寒性较弱，所以冬天，要把它放在温暖的地方。它和其他的伽蓝菜属植物相比生命力相对较弱，所以混栽的时候，可以选择和其性质差不多的伽蓝菜属植物混栽在一起。

E **月兔耳**
伽蓝菜属

月兔的耳朵。一个非常浪漫的名字。形态也特别可爱。叶子和茎都被毛茸茸的毛给覆盖着。它的质感能使人联想到森林家族里面的小人偶们。让你忍不住想抚摸它们一下。只在叶子的边缘才有棕色的斑点，这些斑点被称为星，月兔耳和其他伽蓝菜属的植物相比，比较容易培育，也比较适合和其他植物混栽在一起。（参见P45,P52）

F **仙人之扇**
伽蓝菜属

丝绒般质感的叶子特别吸引人们的目光。向上生长，性质和树差不多，所以有时候能长高到好几米。下面的叶子按照顺序依次枯萎。随着它的生长，叶子也慢慢变大。变大了的叶子看起来更加的美。混栽的时候，它毫无疑问就会成为主角。在它的旁边可以种植一些匍匐性的植物，或是种植一些和它一样比较高大的植物也是一个不错的选择。

A
B
C
D
E
F

PART5 访问多肉爱好者之家

拜访『不可思议之家』

“不可思议之家”是由其主人柚木先生创建的。是贩卖主人自己喜欢的作家的作品的一个小杂货店。卖的东西种类比较杂，有陶器、编织品、纸质品等各种东西。店里面琳琅满目摆放着各种商品。店铺主人特别喜欢多肉植物，在大门及庭院的各个地方都摆放着多肉植物。喜欢旧东西的柚木先生将他收集到的旧东西全都托付于我，让我利用这些旧东西进行多肉植物盆栽的制作，这对于我来说，也是一件非常有意义、非常开心的工作。

在日晒好的大门处，摆放许多小型的多肉植物，既有瓦苇的混栽小盆栽，也有石莲花的混栽小盆栽。

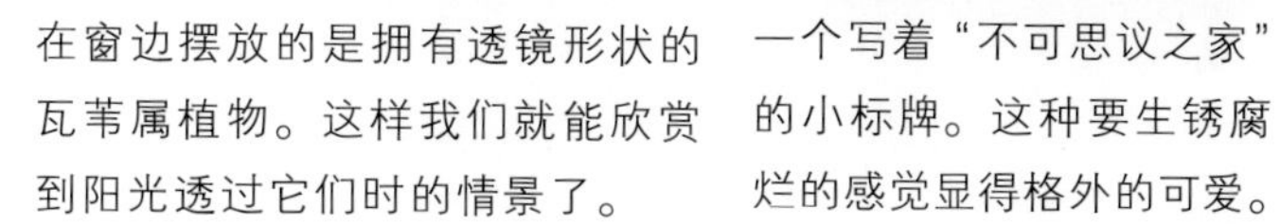

在窗边摆放的是拥有透镜形状的瓦苇属植物。这样我们就能欣赏到阳光透过它们时的情景了。

一个写着“不可思议之家”的小标牌。这种要生锈腐烂的感觉显得格外的可爱。

和旧东西交相辉映的多肉植物。形态独特的仙人球。

培育挺长时间，慢慢伸展开来的莲座，现在的它带点野性的味道。

在小篮子里生长的是姬星美人，美丽的青绿色。

在搪瓷的水壶里，苍角殿长长的茎和叶子缠绕在一起，给人一种凌乱之美。

主人柚木先生好像比较喜欢乌羽玉属的植物。

仙人球和瓦苇属植物的混栽，和杂货店的氛围非常贴切。

访问 CHICU+CHICU 5/31之家

和缝衣专家——山中先生的交往差不多有15年了，都是老朋友了。还是山中先生将“不可思议之家”的主人柚木先生介绍给我认识的。山中先生在排列呈现这一方面是专家，所以我经常参考一下他的作品。山中先生也非常喜欢多肉植物，从小的植物一直到大的植物，山中先生都在收集着。山中先生好像就按照原生态的样子摆放那些植物，如果它们生长速度不一致的话，就把它们的位置稍微挪一挪，这样就可以获得良好的布局和审美享受。

缝衣专家的作品和多肉植物。

在地板上，摆上一盆大叶绿色植物，植物和地板交相辉映，十分美丽。

在阳光充足的卧室里放置一盆大大的绿珊瑚，就可以在卧室里享受到充分的绿意了。

山中先生也喜欢旧东西，像这些旧的秤呀，熨斗台呀，连旧的拼贴画都保留着。

懒洋洋的在晒太阳的小多肉植物，感觉心情很好的样子。

虽然山中先生家的大门偏北，但是在大门那里摆放着这些多肉植物，只要客人稍微注意一下，就会发现有很多可爱的笑脸正在迎接着他们。

在餐厅一角凸显着自己存在感的苍角殿，据说已经生长了10年之久，球根都已经分出新的小球来了。

这是一个大号的仙人球。

在厨房的台子上摆放的植物，会让厨房另有一番风味。

PART 6 怎样制作多肉植物的混栽盆栽

现在让我们实际体验一下怎样制作混栽盆栽吧。
将你喜欢的植物放进你喜欢的花盆里去吧。

① 喷壶

洒水时候用的。

② 风筝线

做莫斯球时候用的。线的颜色要选择和水苔的颜色差不多的。同时要选择那些比较坚韧不易断掉比较好用的线。

③ 剪刀

剪切小苗的时候用的，在移植的时候，剪断植物的根部所用。

④ 大镊子

种植小苗的时候或是拿起有刺植物的时候，亦或是拌土的时候使用的工具。大点的镊子在种植大的植物的时候比较便利。

⑤ 铁丝

做把手，或是装饰材料时使用，铁丝不需要有任何的涂抹，自然状态就好。

⑥ 肥料

主要是化肥，将肥料撒一点放在根部就可以了。特别是仙人球类的植物，还是撒一点肥料给它比较好。如果给多肉植物撒太多肥料，会很容易烧伤它们，所以给它们撒一点点肥料就可以了。

⑦ 多肉植物专用土

在培育多肉植物或是仙人球等植物的时候，会需要专门的土壤来培育它们。这些土壤是以通气性、排水性、保湿性比较好的红土颗粒为基础，在上面再撒上砂砾、炭之类的东西调和而成的。

⑧ 勺子

在很小的空间种植的时候，用它来舀土比较便利。

⑨ 填土工具

在种植的时候，填土的工具。在种植小植物的时候，用小的填土工具特别方便。

平常使用的道具和材料

制作的时候，最少需要以下的工具和材料，如果有镊子的话，是非常便利的。

⑩ 旧报纸

只有花盆底网的话，刚种完植物之后，土也许会从底网的小洞中掉出来，这时可以将旧报纸铺在底网上面，等时间一长，报纸就会自动溶解在土里面了。

⑪ 花盆底网

花盆底下有洞的时候，用它来塞住洞口。

⑫ 小镊子

在种植小苗的时候，如果小苗有刺的话，就可以用它来夹住小苗，或是用它来搅拌泥土，都是比较方便的。这个是很重要的工具，可以说没有它的话，什么都做不了。

⑬ 山苔

它的绿色特别艳丽，可以突出和其混栽的多肉植物的颜色。可以就如同化妆石一样，在表面涂一点点，当做装饰来用。

① 准备好容器和要种植的植物。

② 加入颗粒稍微大点的土。

③ 在上面加入一般的土。

④ 加入一点肥料。

⑤ 再在上面加点土。

⑥ 将种植在里面的3株植物种植在配好的土里。

混栽的方法

大家可以尝试挑战一下混栽
既可以模仿本书中所介绍的那些混栽盆栽，也可以以本书的颜色图标为参照，创造一个属于自己的混栽盆栽。

⑦ 种植其余的植物。

⑧ 在间隙里填入土。

⑨ 来回的震动一下容器，让土变得结实一点。

⑩ 完成。

① 准备好蛋壳和小苗们。

② 在蛋壳里放进一半的土。

③ 放入1~2颗肥料。

④ 再在上面放入土。

⑤ 开始种小苗进去，要当心不要把蛋壳弄碎了。

⑥ 用勺子舀土填进缝隙里。

用蛋壳制作小的混栽盆栽

⑦ 在蛋壳外面轻轻地敲几下蛋壳，让土变结实。

⑧ 完成。

① 准备好水和水苔、铁丝。

② 将干燥的水苔泡在水里，让它恢复到之前的状态。

③ 就像在做饭团一样，把水苔捏成圆形。

④ 在捏好的水苔中央放入植物。

⑤ 慢慢地加入水苔，轻轻地继续捏水苔，直到又捏成圆形。

⑥ 用风筝线缠绕一下。

多肉莫斯球的制作方法

⑦ 线头用镊子插到里面去。

⑧ 插入铁丝，在插铁丝的时候，要注意避开植物。铁丝的长度根据个人喜好。

⑨ 根据自己的喜好选择铁丝的长度，将多余的铁丝剪掉。

⑩ 将铁丝的前端折成U型。

⑪ 拉住铁丝，用U型收进莫斯球里面。

⑫ 完成。

① 有的枝干一下子长长了好多呀。

② 将长长的枝干沿着花盆的边缘给剪掉。

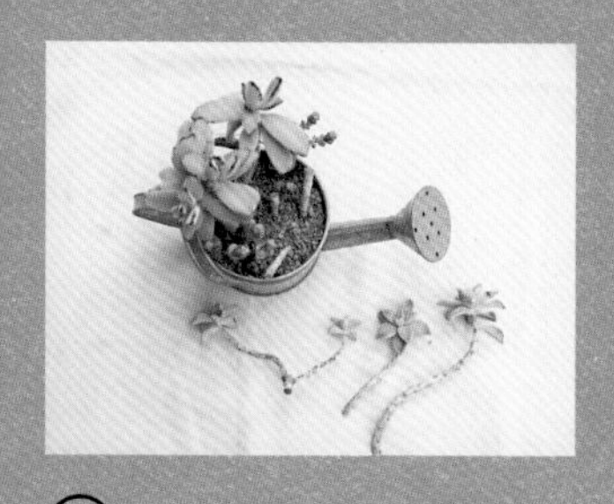

③ 剪掉了 4 个枝干。

④ 将剪掉的枝干的茎剪断。

⑤ 用镊子给盆栽里的土松松土。

⑥ 将剪短了的小苗用镊子夹住重新种植到盆栽里去。

修剪长长枝干的方法

几个月之后，有的植物就会停止生长，有的植物却长得很快，想重新修剪植物形态的时候。

⑦ 这样就完美地修剪好了。

如果重新翻土或是重新种植，它们会显得更有精神。

图书在版编目（CIP）数据

轻松玩转多肉植物 / (日) 松山美纱著；汪云云译.
-- 北京：北京联合出版公司, 2016.4
ISBN 978-7-5502-6970-5

Ⅰ. ①轻… Ⅱ. ①松… ②汪… Ⅲ. ①多浆植物—观赏园艺 Ⅳ. ①S682.33

中国版本图书馆CIP数据核字(2016)第005667号

轻松玩转多肉植物

作　　者：(日) 松山美纱著
出版统筹：精典博维
选题策划：周　帆
责任编辑：徐秀琴
装帧设计：博雅工坊・肖杰

北京联合出版公司出版
（北京市西城区德外大街83号楼9层 100088）
北京楠萍印刷有限公司印刷・新华书店经销
字数75千字　710毫米 × 1000毫米　1/16　6印张
2016年4月第1版　2016年4月第1次印刷
ISBN 978-7-5502-6970-5
定价：46.00元
